给父母的爱等不起

[日] 尽孝执行委员会 / 编著　祝磊 / 译

北京大学出版社
PEKING UNIVERSITY PRESS

北京市版权局著作权合同登记：图字01-2011-1986

图书在版编目（CIP）数据

给父母的爱等不起／（日）尽孝执行委员会编著；祝磊译．—北京：北京大学出版社，2012.9

ISBN 978-7-301-20972-1

I.给… II.①尽… ②祝… III.孝－通俗读物 IV.B823.1-49

中国版本图书馆CIP数据核字（2012）第154841号

OYA GA SHINUMADE NI SITAI 55 NO KOTO By OYAKOKOJIKKOIINKAI
Copyright © 2010 by Earth star Entertainment Co., Ltd.
All Rights Reserved.
Original Japanese edition published in 2010 by Earth Star Entertainment Co., Ltd.
Chinese translation rights arranged with Earth Star Entertainment Co., Ltd.
through EYA Beijing Representative Office
Simplified Chinese translation rights © 2012 by Peking University Press

书　　　　名：	给父母的爱等不起
著作责任者：	【日】尽孝执行委员会　编著　祝磊　译
责任编辑：	兰　慧
标准书号：	ISBN 978-7-301-20972-1／G·3468
出版发行：	北京大学出版社
地　　　　址：	北京市海淀区成府路205号　100871
网　　　　址：	http://www.pup.cn
电　　　　话：	邮购部 62752015　　发行部 62750672
	编辑部 82893506　　出版部 62754962
电子邮箱：	tbcbooks@vip.163.com
印　　刷　　者：	中国电影出版社印刷厂
经　　销　　者：	新华书店
	880毫米×1230毫米　32开本　6印张　78千字
	2012年9月第1版第1次印刷
定　　　　价：	25.00元

未经许可，不得以任何方式复制或抄袭本书之部分或全部内容。

版权所有，侵权必究

举报电话：010-62752024；电子邮箱：fd@pup.pku.edu.cn

目 录

前言 // V

01 祝他们"生日快乐" // 001
02 握住他们的手 // 005
03 和母亲的短信 // 007
04 请他们到自己家来 // 010
05 记住他们的年龄 // 013
06 跟父亲一起去澡堂 // 017
07 吃父亲做的"男人料理" // 021
08 洗他们的衣服 // 024
09 向他们坦白 // 027
10 跟父亲玩手指摔跤 // 031
11 一起做正月料理 // 035
12 跟他们和好 // 039
13 跟他们聊天 // 042

14 给他们写感谢信 // 046

15 给他们写信 // 049

16 请他们吃饭 // 053

17 算算他们的余生 // 056

18 和他们一起烧烤 // 059

19 放纵他们的任性 // 062

20 背他们 // 066

21 让他们看到你在追求梦想 // 068

22 带他们自驾游 // 072

23 和他们一起旅游 // 076

24 把他们的白发染黑 // 078

25 和他们一起吃早饭 // 081

26 给他们写贺年卡 // 085

27 继承他们的事业 // 088

目录

28　叫她一声"妈妈" // 091
29　给他们庆祝 60 大寿 // 094
30　一起去看以前住的家 // 098
31　跟他们一起过 20 岁生日 // 101
32　跟他们一起看红白歌会 // 105
33　向他们打听自己不知道的往事 // 109
34　去他们喜欢的店里看看 // 113
35　要喜爱他们带给你的旅行纪念品 // 117
36　为了他们,好好活着 // 121
37　找到工作,让他们安心 // 125
38　跟父亲像同事一样喝酒 // 129
39　听听他们喜欢的歌 // 131
40　让他们看到你当新娘的样子 // 133
41　给他们打电话 // 137

42 珍藏他们的纪念合影 // 139

43 继承他们珍爱之物 // 142

44 听他们讲过去的苦难 // 145

45 叫父亲"老爸" // 149

46 全家一起吃饭 // 151

47 偶尔偏袒一下母亲而不是妻子 // 154

48 护理他们 // 157

49 常回家看看 // 159

50 给他们做酱汤 // 161

51 给他们画像 // 163

52 跟母亲一起梳妆打扮 // 167

53 用母亲用过的菜刀 // 170

54 跟他们商量工作的事情 // 172

55 跟他们聊圣诞节的往事 // 175

前言

2010年4月,日本尽孝执行委员会出版了《父母离去前你要做的55件事》,获得超出想象的社会反响,很多读者给委员会写来书信。

其中有很多故事,也有读者感想,最多的感想是"要重新审视目前同父母的关系"、"从此以后要考虑跟父母的交流方式"。

我们认为,这说明委员会的成立宗旨"为了让父母的余生过得有意义,提出尽孝建议",起到了一定的作用。

但是同时,委员会拜读了这些来信后,意识到我们还有一件应该做的事:再度审视亲子之间与生俱来的爱。

不同的父母和子女之间，有不同的故事。但是，故事的背后是相同的：亲对子的爱，子对亲的爱。这种爱是亲子之间特别的感情，比伴侣、恋人、朋友的爱更深沉。

而平常我们忙于生活，常常忘掉父母的爱，很多人"在父母离去后，才明白父母的爱"。

因此委员会再一次呼吁读者理解父母的爱，对父母尽孝。

本书收集了55篇亲子故事，也可以说是对父母尽孝的55种方法。与《父母离去前你要做的55件事》一起，共介绍了110种尽孝方法。

可能有些人会觉得不好意思，但是，请先从你能做到的孝行开始。

这样，你就有了独一无二的亲子故事，每个故事都会留下痕迹，甚至在家族里传袭下去。

日本尽孝执行委员会

01
祝他们"生日快乐"

7月29日,父亲给我打来电话,他在金泽的老家和我姐姐住在一起。那天是我的生日。

父亲在电话里显得很精神,但是跟他同住的姐姐说,今年开始,父亲的健忘症越来越严重,有时弄不清楚今天是星期几。姐姐常常抱怨"一刻也不能离开视线"。

我离得很远,什么也做不了,对姐姐的歉疚之情,对年迈父亲的担忧,突然变得沉重。

这样的父亲,仍然记得我的生日,我真的很吃惊。

"父母是不可能忘掉孩子的生日的。"父亲笑着说。我听了之后,胸口发堵。

青春期时常因厌恶父亲而躲避他。但是父亲并不跟我保持距离,仍然一如既往地对我。我还是孩子,虽然理智上知道应该为父亲考虑,但行为上怎么也不能很顺从,一想到父亲,总觉得心烦。

即使这样,每到我的生日,父亲都会说"生日快乐",在地铁

站前的蛋糕店给我买水果酥饼。

结婚后,我离开老家。一到 7 月 29 日,电话就来了。"生日快乐!"虽然只是这一句话,每年一定会听到。

离家数十年,很少想到父亲的生日。72 岁的父亲的面容浮现在眼前,我突然想到,今年父亲的生日时要对他说"生日快乐"。这么多年来,我从父亲那儿得到甚多,却从来没有想起主动给予他什么。

从这个生日开始,一切应该不一样了。

(44 岁 女)

02
握住他们的手

我对父亲说："今晚我们手拉着手睡觉吧。"

"不了。"父亲背对着我，小声说。

第二天早上，父亲癌症复发，要再次入院。为住院作准备，我回到老家。那天晚上，我要求在父亲的旁边加一床被子睡下，古板的父亲说一个人睡就好了。

自从七年前母亲去世，父亲一直是一个人生活。

住院第一晚，父亲不熟悉周围环境，在白被子下面，他握住我的手。我几十年不曾握过父亲的手了，和小时候感觉很不一样。他的手非常小，上面满是因为消瘦而产生的皱纹。

我心潮澎湃，眼泪汹涌，浑身颤动，无法停止。

父亲只是默默地紧紧握住我颤抖的手。

(42 岁 女)

03
和母亲的短信

给父母的爱

等不起

我送给独居的母亲一部手机作为礼物。当然，手机是面向老年人的大字型。

母亲和我住得很远，说起从此以后随时可以跟我联络，好像很开心。

两年前，父亲去世，母亲开始情绪不好，连门都不出了。做饭、干家务也没有心思，常常一天天混过去。

因为没有人可以聊天，母亲每天在电话机前，等我和朋友的电话。

为了能随时聊天，我送给母亲一部手机。母亲一向不太会用机器，要教会她使用手机不是一件简单的事。给母亲看说明书，讲解，还是不明白，我就把操作步骤写在纸上，发短信的方法也写了。

几天后，我回到自己家，试着给母亲发了一条短信，但是始终没有收到母亲的回复。

我就给母亲打电话，母亲说她看到我的短信了，但是不知道怎么给我回短信。电话里我反复教母亲发短信的方法，终究还是不行。

但是用手机通话还是可行的，我和母亲几天通一次话。

可是短信仍然一次也没有。

半年前，母亲也追随父亲去了。

母亲一直带在身上的手机成为遗物。葬礼后，我看到母亲的手机的历史信息，有很多未发出的短信留着。

往下翻看，全部都是给我的短信。母亲尝试过很多回啊。

翻到送母亲手机那天的短信记录。

"谢谢你送的手机。短信很难发。好像大脑做体操。"

母亲的文字不太好懂。想象母亲一次又一次尝试发短信的样子，如果当初在母亲身旁多教教她发短信的方法该多好，我的眼泪止不住地涌出来。

(34岁 男)

04
请他们到自己家来

在父亲的棺木里放了一本全新的时刻表和一些邮票。

父亲喜欢旅行，生前每天查时刻表，还划了线，时刻表已经很旧了，我把它作为遗物珍藏起来。翻开来看，里边的线划得密密麻麻。

父母亲住在新泻直江津附近的偏僻农村，种着很少的地。在小村里，日复一日地过活，生活没有什么变化。

双亲唯一的乐趣是一年一度的旅行。虽说是旅行，其实很"小"，就是去附近的温泉泡一两天。即使这样，每年要去哪儿，父亲总要先查时刻表，确定火车车次和目的地，乐此不疲。

但是，这点乐趣，在我高二时，随着母亲的突然去世而终结。

后来，我和弟弟把父亲留在老家，去东京上大学，之后又在东京的公司工作。两人工作、结婚、生子，忙忙碌碌，很少回老家。我们一度考虑接父亲到东京来，可是父亲一直在农村生活，到东京来，虽然有我们兄弟两个在，他仍然觉得很需要勇气。问过好多次，父亲的反应都很暧昧，结局也就不了了之。

大约五年前，我带着一家人回到多年没回的老家，发现了那本旧时刻表。随意翻开，看到父亲写的字、划的线：藏王温泉路线、沿日本海下京都路线……

父亲是在时刻表上旅行全国。

母亲去世后，唯一的乐趣也没有了，父亲一个人送我们兄弟进大学、支持我们生活，而他只能在时刻表上或者坐火车短途旅行。

看到这本时刻表，我想起自己曾经还是打算带父亲去旅行的，但我总是忙于工作，最终还是把这事忘了。

那以后五年，父亲因为感冒引起急性肺炎，入院后不幸去世。我和弟弟从东京赶过去时，已经晚了。

餐桌上，还放着那本旧时刻表。

翻开时刻表，新潟的直江津站到东京站的路线和出发到达时刻也划了线。父亲其实是很想来东京跟我们一起生活的吧。

（35 岁 男）

05
记住他们的年龄

母亲节马上就要到了，街上的花店、超市里，摆满了红色的康乃馨。

去年的母亲节，第一次送了50枝红色康乃馨给母亲。母亲那时50岁，我正考虑送什么给母亲，被店员的话打动，说一次买50枝比一枝一枝买要便宜很多。但是，坏事了！

"喂，今天是吹什么风呢？"母亲节的晚上，我正在看棒球的夜间比赛转播，母亲从老家打来电话。

"母亲节啊，这回的节目很特别的哟，明年就没有了哟。"现在想来，当时我一定有一点得意的腔调。

"谢谢！好开心！但是给女人送花时要小心，数目很重要哟。"

我不太明白母亲的意思，过了一会儿，母亲揭开了谜底：

"数目错了吧。不是什么都是越多越好哟，特别是女人的年龄。"

这时我才意识到，母亲27岁生我，去年才49岁。这真是"不习惯做就做不好"的明证。更糟糕的是，由于平常对父母的岁数这些几乎从不注意,糊弄了事,真可耻。

妈妈,对不起!今年,一定送 50 枝花给您!

(23 岁 男)

06
跟父亲一起去澡堂

前些天，我家的热水器坏了，没办法，只好带八岁的儿子去附近的澡堂。儿子第一次来澡堂，发现澡堂很大，很开心，跑来跑去，还在浴池里游泳。

"进入浴池之前，好好把身体洗干净。"

"不要把毛巾放到浴池里。"

"洗掉肥皂时，轻轻地用水洗。如果水溅起来，容易溅到别人身上。"

"用完椅子后要清洗，像这样收拾，因为其他人还要用。"

我必须从零开始，教给儿子澡堂里的规则。

然后，在给儿子搓背的时候，我突然回忆起从前去澡堂的情景。

小时候，家里没有浴缸，我从来都是去澡堂，一般是跟母亲一起去。到上小学时，去女澡堂难为情，就一个人去男澡堂。只有在星期日，会跟父亲一起去。

父亲平时很忙，基本上不在家。他沉默寡言，从来不讲笑话，好像也从来不陪我玩。只有星期日，他会带我去澡堂。在那儿，父亲教给我澡堂的规则。

父亲总是使劲儿搓我的背。父亲的手很大，劲儿很大，搓得我的背很痛。这种受力的感觉，虽然时间久远，到现在好像还残留在我背上。父亲虽然笨拙，但是我喜欢他按住我的力道，里面也有小心的保护。

想着想着，不知不觉眼泪流出来，我慌忙埋下头，把脸洗干净。

(40岁 男)

07
吃父亲做的"男人料理"

儿子上小学,第一次远足。出发前一天,我突然宣布:"好,明天远足的盒饭,我帮忙做。"

妻子瞪圆了眼:"怎么了?你从来没有做过料理啊。"

"我嘛,会一点点的哟。"

第二天早上,我早起,跟妻子一起进厨房。

但是,我做的煎蛋糊了,只能重做,维也纳香肠也没切好,最终还是妻子做的。妻子很无奈:"帮了倒忙,你还是坐着吧。时间要来不及了。"虽然这样,我还是无论如何想帮忙,我想大概含有消除我对父亲负罪感的意思吧。

我在上小学时,母亲就离开了家,父亲一个人把我带大。

当然我很感谢他,可不能忍受的是,他的饭做得很糟糕:完全谈不上美味,很咸,很辣。

我对父亲做的饭,印象最深的就是小学时远足的盒饭。打开盖一看,惨不忍睹!好在味道旁人也不知道,我还可以将就,但是卖相很差,黑糊糊的,菜也没有好好切开,挤作一团。

这要是被旁人看见，多难为情，我偷偷把盒饭倒掉，只吃了点心和香蕉。

回到家，父亲看见空饭盒，很高兴的样子。但是，我对父亲说：

"我讨厌那样寒碜的盒饭，都倒了。"

我想父亲会骂我，但父亲只是默默地到厨房洗饭盒，我看着他的背影，很沮丧，坐在墙角抽抽搭搭哭起来。

那次之后，我每次都把父亲做的料理一点不留，全部吃下去。

父亲已经去世七年。他去世那年，我的儿子出生，如今已经上小学。

父亲，您的孙子明天第一次远足，这小家伙，会带着我做的盒饭去。虽然饭盒里的饭团是妻子捏的，我只是贴了海苔而已。没有办法，不会做饭是您的遗传。请您在天堂里看着我们快乐的一家，我们会认真地吃好每一顿饭。

(38岁 男)

08
洗他们的衣服

母亲遭遇交通事故去世，已经半年了。出事前，母亲对刚退休的父亲说："从今以后，我们两人可以悠闲地旅行了。"

母亲结婚后，跟公公婆婆住在一起，当家庭主妇。特别是十年前祖父去世以后，母亲护理老年痴呆的祖母，实在很麻烦。

我和弟弟都离开家自立门户了，父亲的工作很忙，只有母亲一个人护理祖母。毫无疑问，她基本上没有自己的时间。即使这样，母亲总是开心、勤奋地干活。

一年前，祖母去世，母亲总算是有自己的时间了。

前些天，我回到久违的老家。我嫁得很远，也是跟公婆一起生活，虽然很担心父亲一个人生活，也很难回一次老家。

跟母亲在世时相比，老家好像没有什么变化，还是收拾得很整齐。看来，父亲虽然不习惯，也尽力在做家务。

"我也自己做饭，只是做不出像你母亲做的那样好吃的料理。一个人过也很开心哟。"

父亲边笑边说，让我觉得有一点可恨。我想，母亲去世，父亲应该情绪低落、很悲伤。

但是，洗衣服的时候，我明白了父亲的真实心情。

洗衣机的旁边，放着我从前见惯的洗衣粉。母亲对洗衣服很讲究，一定要用这种洗衣粉。

而这种洗衣粉，在超市买不到，是母亲特意邮购的。如今母亲不在了，这洗衣粉还是一样在用。

"爸爸，特意订购洗衣粉很麻烦吧？超市里卖的洗衣剂就可以了。"

父亲只是随口"嗯"了一声，作为回答。

在院子里晾衣服时，我明白了。这些衣服，让人怀念母亲的味道。永远都很开朗的母亲的容颜浮现在眼前。父亲洗衣服时也一定是在想念母亲吧。

太阳晒着，衣服晾着，我的眼泪流了出来。

（30 岁 女）

09
向他们坦白

来东京时,没有想到自己将来会变成什么样。从关西的私立大学毕业后,我进入东京一家有名的大企业工作。父母在小村里经营豆腐店,很为我自豪。

但是,刚一年我就辞职了。当时觉得自己是对的,现在想来,很后悔。

最后悔的是,我好不容易大学毕业(要支付学费,得卖多少豆腐才行啊?),父母为我开始工作而高兴,要是知道我辞职,对他们打击会很大。

所以我没说,没回家,也没打电话。有时父母打电话过来,我骗他们说工作忙,就匆匆挂电话了。

有一天夜里,我的门铃响了,父亲突然出现在门口。当时父亲来东京之前,我骗父亲说那天我要出差,见不到。父亲突然来到,我措手不及。

我不知说什么好,呆呆站着。父亲笑着对我说:

"没想到谎话露馅了吧?看起来蛮精神的,身体好就行了。"

其实父亲全都知道!我长大以后,第一次在父亲面前哭起来。

(24岁 男)

10
跟父亲玩手指摔跤

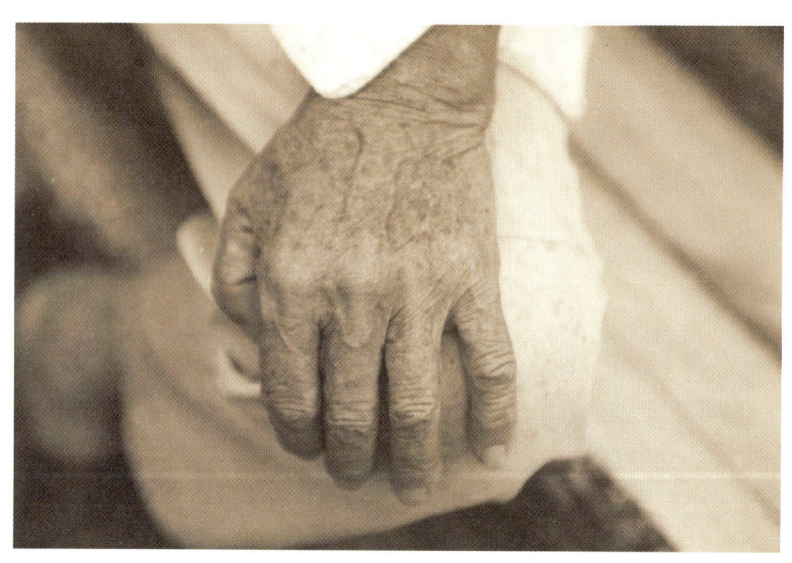

"一、二、三、四、五……"

父亲开始从一数到十。我小小的手指被父亲大大的拇指压住,怎么也脱不开,最后总是输。小时候,父亲经常跟我玩手指摔跤。刚开始父亲会让着我,后面就毫不留情,我就很懊恼,哭起来。即使这样,父亲却说:"没办法,你太弱了,必须多练习!"

去年,父亲在跟病魔斗了将近五年后,去世了。虽然一直为他祈祷,终究没能战胜病魔。

父亲去世前一个月,我晚上下班,去医院看父亲。当时已经过了探视时间,我偷偷溜了进去。

病房已经熄灯,我跟父亲谈了很久。谈到从前经常玩的手指摔跤,就再玩了一回二十多年不玩的父子游戏。

父亲说:"要认真玩哦。"

我说:"那当然。"

"一、二、三……"

几秒钟,我们小声地从一数到十,我完胜父亲。父亲满脸惊呀，要报仇，再来一次。

结果当然还是一样。

后来再玩，我还是秒杀。父亲还不服气，最后终于笑着对我说："你小子变强了。"

"我在报仇哟，从前你都不让着我。"

我从病房出来，眼泪涌出来：不是我变强了，是父亲的手指，不再像从前那样有力。

(28岁 男)

11
一起做正月料理

这是今年正月的事情，因为心愿实现，我们全家第一次去夏威夷庆祝新年。儿子念高中，女儿念初中，去夏威夷过年是我们全家多年的梦想。

回国后，一月上旬，带着被夏威夷的阳光晒黑的脸和当地的特产，我去老家农村看独居的母亲。

以前全家都会在新年回老家，母亲也因此而特别忙。每年她都说"受不了受不了"，因为要整整两天做正月料理。当然我们全家也要帮忙。

我想，今年没必要做了，母亲可以很悠闲地过年。

可是当我随手打开老家的冰箱时，吃了一惊。

里边还放着没吃完的正月料理：红薯泥、黑豆、伊达卷、干鱼、鱼沙拉……完全跟去年一样。虽然今年没必要做，母亲还是一个人做出来了。

母亲什么都没说，心里还是很希望大家一起做正月料理的吧……

母亲就默默地回想着去年的正月，一个人做出了今年的正月料理……

我面对着打开的冰箱，呆在那儿。

(40岁 女)

12
跟他们和好

父母在我很小的时候就离婚了。后来,因为他们再婚,我在外祖父家长大。父母考虑到各自的再婚对象,几乎不跟我见面。

虽然外祖父母对我很爱护,也不能够消除我对父母的渴望。

后来,我结婚了,跟公公婆婆一起过,很幸福。公公婆婆说:"从今以后,我们就是你的父母。"

特别是婆婆说:"我一直想要个女儿,今天终于有了女儿,真开心。"我当时也是打心里感到高兴。自那以后,我们像真正的亲子一样幸福地生活着。

可是有一天,我和婆婆因为小事吵了一架,之后两人就面和心不和了。

家里磕磕碰碰,我坐立不安。说是像亲子那样,实际还是外人。我觉得婆婆嫌弃我,虽然想向她道歉,到底没有勇气。

我默默看着婆婆,心里很不安,我想我又一次失去父母了。

如此一周后,我去附近的商业街买东西,蔬菜店的老板跟我聊天:

"两三天前，碰到你婆婆，听说吵架了。她说想跟女儿和好，却不知道该怎么做。她没有女儿啊！"

说的不是"儿媳妇"，而是"女儿"。

这就够了，我已经完全感受到婆婆的痛心了。

她真的是把我当女儿看的啊！我安心了，眼泪忍不住掉下来。

(27岁 女)

13
跟他们聊天

我母亲是街坊公认的"话痨"。

从早上起来"早上好!"到晚上"睡觉了!",一整天都说个不停,而且时不时放声大笑。

可能是反感她那样吵的缘故,我和父亲都是闷葫芦。

我劝母亲少说话,可是完全不起作用。

她在家门口跟邻居一聊天,就忘了回来;一打电话,就忘了挂机。

有一天,母亲感觉嗓子不舒服,说话困难,父亲和我就笑她是因为说话太多。

话虽如此,我们还是很担心,送她去医院,发现是声带息肉,就马上做了手术。

母亲不在,家里很安静。我跟父亲说,可以享受一段时间的清净了。可是听不到母亲的声音,太阳一下山,就觉得家里阴森森的。

"老妈,怎么样啊?"手术后我去看母亲。母亲躺在病床上,满脸憔悴,嘴巴动了动。

"什么?听不见啊。"我凑近母亲的嘴边,隐约听到母亲在叫我的名字。我不由得握住母亲的手:

"早点好起来,回家多说话!"

(22岁 男)

14
给他们写感谢信

成人式那天，母亲把积蓄拿出来，让我能够穿着和服参加仪式。两年前，对姐姐也是这样，虽然和服也是租来的。当天姐姐和我准备了感谢信和礼物，一起送给母亲。

父亲在我很小的时候就去世了，家里很穷，母亲拼命工作，养活我们姐妹，我和姐姐也经常洗衣打扫，每天粗茶淡饭。

我们不能像其他朋友那样去外边吃饭，也不能去公园和远一点的地方旅行。我们的旅行，只限于暑假去市民游泳池和农村的爷爷奶奶家。

小时候，我常常对母亲感到不满。为什么只有我家这么穷，为什么我不能学钢琴，为什么我不能去游泳，为什么总是让我做家务、不让我跟朋友一起玩……

但是现在想来，母亲在艰难生活中，尽最大可能满足我们。她支持我们姐妹念了短期大学，也支持我们参加成人式。

姐姐提议在我的成人式那天，给母亲送感谢信，感谢她一个人辛辛苦苦把我们养大。

"妈妈一定会感动得哭的。"我们想。

母亲接过感谢信,对我们说:"妈妈也想给你们写感谢信,感谢你们做我的女儿。"

姐姐忍不住大哭起来,我先是笑,然后也大哭起来。

(20岁 女)

15
给他们写信

母亲去世一年了。

母亲生前,每个月给我寄一次快递包裹。从我去东京的大学上学,就一直没有间断过。

我家种着地,所以母亲给我寄自家种的蔬菜水果。"身体第一,多吃蔬菜水果。"包裹里夹着母亲的字条,每次都这么写。

可是我一次都没给家里寄包裹,当然也没有写过信。后来也想过该寄点什么,却不知道寄什么好,于是不了了之。

母亲去世前半年,有一次在包裹里放了一件旧衬衣。

"身体第一,多吃蔬菜水果"的旁边,多了一行"Tsuyoshi(哥哥的名字)买的衬衣,只穿过几回,我给你熨好了"。

我拿出来一看,是一件白衬衣,熨得很平,浆得很匀。可是,这只是一件哪儿都能买到的普通衬衣,而且说实在的也不是我喜欢的样式。我当时想,衣服这些我自己可以买啊。

我一次都没穿过,它一直原封不动挂在衣橱里。

有一天,母亲因为蜘蛛膜下腔出血,突然去世,母亲的包裹从此不再来。

剩下的只有这件衬衣,虽然很想穿上,母亲熨过的衬衣,袖子怎么也穿不进去。

(26岁 男)

16
请他们吃饭

父亲总是说讨厌红色的祝寿坎肩，可是明年父亲就60岁了，这几天准备先庆祝他的59岁生日。

生日那天，父亲到离家最近的车站接我。想起很多年以前，我还是个小毛孩，突然下雨时，母亲也会拿着伞来接我。

我正想着，看见父亲在对面向我挥手，头发花白。父亲老了。

我们并肩走进车站前的寿司店。

今天我请客，吃寿司、喝酒。

父亲从前就喜欢吃寿司。家里有喜事的时候，他总是说"吃寿司去吧"。我小学五年级时，作文竞赛得奖，他说"今天是寿司日"，比我还要高兴。

"老爸，59岁生日快乐！明年就60岁大寿了。"

啤酒入喉，父亲大赞好喝，拿着酒杯，低下了头。

喂，老爸，只是请你吃饭而已，用不着哭啊，好像我从来没有尽过孝似的……

(32岁 男)

17
算算他们的余生

好久不见父亲，他瘦了一圈，头发全白了。

父亲今年79岁，常年担任熊本市的中学校长。退休后，还忙着当青年团的职员、社区的志愿者。

父亲很为教育工作者的身份而自豪。他严格方正，对我家教也很严，我小时候经常被他骂得去找母亲哭诉。

父亲对我的训示很多：见人必须打招呼、一定要遵守诺言、不许挑食、不许吊儿郎当、姿势要端正……

现在想来，那时家中充满了紧张气氛。即使这样，那时我也没觉得父亲讨厌。

跟父亲在街上散步，人们都会尊称他"校长先生"。我看到父亲脊背挺直，深受人们信赖，我幼小的心灵里，为这样的父亲而自豪。

我结婚后，搬到大阪，很少回熊本老家。三年前，母亲去世，父亲就一个人过。听说父亲身体不好，夏天我带着读初中的小儿子，回到久违的老家。

父亲已经完全不是以前那个严格的样子了。

小儿子跟父亲说话时敷衍了事、不喜欢吃鱼就剩下、看电视到深夜，父亲什么都不说，只是慈祥地看着他的孙子，态度跟我小的时候真是截然不同啊。

三天时间里，我带父亲去医院看病，整理房间，然后回大阪。父亲送我和儿子到汽车站。我跟他说身体不好，就不要勉强送了，他还是坚持要送。

告别的时候，父亲很严肃地说："我一个人生活，没问题！"

我们在汽车里挥手，看见父亲正看着我们，我眼角一热。

父亲老了，挺直的背有点弯了。还能见到几回呢？我从汽车上跳下，紧紧抱住父亲。

曾经让人害怕的父亲，已经老去，时日无多。

(49岁 女)

18
和他们一起烧烤

1995年1月17日。

我至今忘不了这一天。我家在神户市内，在那天黎明的大地震中房子倒了，不能再住。

幸运的是，父母、妹妹和念高中的我都平安无事；难过的是，再也回不到从前。房贷还没有还清，我们也无力重建家园。

那一年的三月份，我考进东京的一所国立大学。母亲和妹妹因此一起到东京，三人租了间小公寓，相依为命。

父亲因为工作还留在神户，一个人租了间小公寓度日。一家人为生活所迫，天各一方。

三年后，妹妹到大阪工作，和母亲一起回到神户。

从此，父母亲团聚，妹妹一个人生活，我也在东京开始工作。

噩梦之后15年，我还是一个人在东京，妹妹在大阪结婚，父母在神户生活。这15年间，一家人颠沛流离，却每天都奋勇向前。

去年夏天，我回神户探亲，后来就决定回神户工作，向公司申请调到关西分公司。

回一趟神户不容易，我十四年没有回去过，以前住的地方已经完全不同，我很吃惊。

父母现在住的小公寓，离以前的家不过几百米。父亲希望尽可能住得离以前的家近一些吧。

我偶然在阳台上看见小的盆栽植物，是父亲种的蔬菜：青椒、茄子、玉米……

我问："这样能长起来吗？"

父亲不好意思地笑着说："很难啊，完全不结玉米，试试看咯。你看，从前家里的院子种的蔬菜不是能长起来吗？因为你母亲喜欢种菜啊。"

父亲是为了母亲才在阳台上种菜么？不一会儿母亲来到阳台，悄悄跟我说："你父亲想全家一起去烧烤呢。从前，咱们一家子不是喜欢扛着院子里收的菜去烧烤吗？地震后去不成了，他还想着大家一起去一回呢。"

原来父亲梦想着有一天能够全家再去办一回烧烤大会！不说我都忘了，父亲却一直都记着。

（33岁 男）

19
放纵他们的任性

"给我一支烟吧。"

父亲从病床上起身，突然对我说。

"不行，爸爸！说什么傻话呢？"我不假思索地大声说。

父亲的肺癌已经到了晚期。从去年发现以来，就完全禁烟，一直苦苦挣扎。那以前，父亲每天要抽三包烟。现在，父亲突然要抽烟，我当然不允许。

可是，父亲说："求求你了！这是最后一次了，让我抽一支就好。"

父亲已经明白时日无多了。

我哭着跑到医院附近的便利店，买了父亲最喜欢的七星香烟回来。

父亲一个人在阳台上点燃香烟，我回头看他时，他的脊背在微微颤动。这是父亲最后一次抽烟了。

最近由于禁烟、控烟运动的推进，不抽烟的我，已经很少闻到烟味了。

但是,偶尔闻到烟味时,我就觉得父亲在身边,想起父亲最后的样子。

(47岁 女)

20
背他们

做梦梦到背父亲。

我很不好意思,我背上的父亲还是很开心,我也就什么都不说,只管往前走。

醒来时,枕头都湿了。父亲生前,我一回都没有背过他。梦里,也不记得去了哪儿,只记得父亲很轻。

为什么梦里的父亲那么轻呢?

"出于好玩,背上母亲。母亲很轻,我流着泪,迈不开步。"

石川啄木的歌出现在脑海里。如今我也背父亲了,父亲很轻,我一样有这种感觉。

(37 岁 男)

21
让他们看到你在追求梦想

我现在正学习做糕点师,只是刚入行的新人。26岁这个年纪,比其他人晚了。

我生在神户,一直读书。父母、亲戚的期望集于一身,我也不负所望,考进东京一所大学,然后参加工作。

但是,三年后,我心有不甘,辞职,之后打零工。也不跟父母见面,闷闷不乐地一天一天过着。

突然有一天,父母寄来一个包裹,里边是我小时候很喜欢的糕点店的蛋糕。

此外还有母亲的一封书信:"26岁生日快乐!不用想着尽孝啊,做自己真正想做的事情就够了。"

"还是母亲了解我啊。"我一边想着,一边吃着蛋糕,回味神户蛋糕店里的香甜。

书信和蛋糕,是母亲告诉我听从内心的召唤。于是,我决心要实现小时候要做糕点师的梦想。

我要做出插满80支、90支、100支蜡烛的大蛋糕,爸爸、妈妈,一定要健康长寿啊。

(26岁 女)

22
带他们自驾游

我家很和睦（有点自夸）。

父亲喜欢户外活动，周末经常带着野营装备，开着车，全家一起出去玩：去河边游玩、钓鱼、搭帐篷、烧烤。在群马的野营地，我们看见灿烂星空，好像手能够得着一样。这时母亲就教我们认星座。

我初中二年级的夏天，一家人用两周时间，从东北到北海道一路野营。父母亲轮流开车，我和弟弟在铺着垫子和毛巾的车后座上呼呼大睡。我们看着红彤彤的太阳沉入海底，至今记得。

到我高中的时候，这样的出行就渐渐少了，最后终于没有了。我和弟弟参加朋友的聚会、社团活动，还有考试，就没有野营的时间了。

今年正月，我和弟弟都已经工作，回到久违的家里，在起居室的角落里发现《户外》杂志。我问母亲，母亲说："你父亲时不时买来看一看，虽然很想去户外，怕体力跟不上……"

我第一次感到，从前身体很好的父母，不知不觉年事已高。

三个月前,我买了一辆梦想已久的越野车。我跟弟弟备好装备,打电话给父母,告诉他们,下个月全家去野营。

从前,父母让我们坐在车后座,带我们到处走。现在,我们让父母坐在车后座,带他们到处走。只是,野营的事情,我和弟弟还不行,还得靠父亲。

(27岁 男)

23
和他们一起旅游

我高中的时候，不顾父亲强烈反对，拿到摩托车驾驶执照，而且拼命打工，买了一辆摩托车。我骑着摩托车去旅游，父亲总是一脸苦相。

初夏，父亲查出肺癌，在住院的前一天，父亲说要坐我的摩托车。

"在你出生之前，我也骑750CC的摩托车的。有一回出了事故，从那以后，因为你母亲担心，就不骑了。"

我很意外，原来父亲强烈反对我骑摩托车，是因为母亲啊。

我带着父亲，一直走到海边，这是第一次，也是最后一次。我躲在头盔里，哭起来。

夏天又来了，我对父亲说："爸爸，今年的夏天到了，马上出发去旅游吧。下一个周末，我去墓地接您。"

（24岁 男）

24
把他们的白发染黑

母亲坐着，瘦小的背有点弯。我跪坐在母亲身后，给她梳头。

"妈妈的白发又增多了啊。"我嘀咕着。

"地里的茄子长出来了，今天回去的时候带上点儿。"

"下周就是夏季祭祀了，你小时候最喜欢夏季祭祀了。"

母亲平时一个人过，一跟我聊天，就开心地说个不停。

我离开家十五年。从前，母亲还是满头黑发，不知什么时候，白发已经很多了。

最近，一回家就给母亲染发。起初是两个月染一次，后来间隔越来越短，突然感到母亲老了。妈妈似乎觉察了什么：

"怎么了？你哭了？"

"没有啦，染发剂的气味呛到眼睛了。"

"我要一直给您染发！不管白发怎么长出来，我都要把您打扮得漂漂亮亮的。您一定要长寿哟！"我暗自祈祷。

(37 岁 女)

25
和他们一起吃早饭

我进入梦想的旅行代理店工作以来,每天都回家很晚。有时下班早,就跟同事、前辈、朋友去吃饭,一年中,好像都没有在家里好好吃过一顿晚饭。

前几天也在加班,给家里打电话。

母亲担心我没吃饭,我还是像往常一样说"没关系",电话那头传来挂钟的声音:

"咚——咚——"

我看了下手表,晚上十点。突然想起,我小时候,母亲等待总是晚归的父亲的情景。

那时我很喜欢父亲,也一起等着。但是当挂钟"咚——咚——"敲十下时,母亲就会催我睡觉了。我对这很不满。

每天早上,我起床去厨房,父亲总是在看报纸。然后,我们一家三口围着餐桌,边吃早饭,边听我讲昨天上课的内容、课间的游戏、朋友的事情……

现在想来，父亲因为要工作，白天没时间跟我讲话，所以就早起，跟我一起吃早饭吧。

父亲至今保持着这个习惯，而我早上起不来，总是不吃早饭，匆匆跑去公司，留下父亲和母亲一起吃早饭。

第二天早上，我比平常起得早，坐到餐桌旁。母亲很吃惊：

"怎么了？今天有什么怪事发生吗？"

母亲虽然取笑我，却看得出来很开心。

我决心要在出嫁之前，珍惜一家三口在一起的时光。

(24 岁 女)

26
给他们写贺年卡

妈妈，我想给您写贺年卡，虽然有点迟了。樱花已经开了，才第一次给您写贺年卡。

谢谢您今年寄给我的贺年卡！您跟爸爸离婚已经十年，我今年也20岁了。这些年我跟爸爸一起过，一次都没有见过您。

您为什么跟爸爸分手？我想是有不得已的原因吧，爸爸从来都不说，所以我也不知道到底怎么回事。

那时我读四年级，不明白大人的事情。你们刚离婚的时候，我很烦恼、伤心，背着父亲大哭（真的很难过！）。

但是，您每年一定会给我写贺年卡。

虽然我一次也没有给您写，但您的贺年卡我都很珍惜。我生您的气，却怎么也不能把您的贺年卡扔掉。

贺年卡上每次都用小字写着："保重身体！今年也请多多关照！"

看到"多多关照"，我就期待着有一天我们能相会，可是……

今年也是这样，您的第十张贺年卡到了。跟从前一样写着"保重身体"，接下来是"承蒙照顾"。从前都是写"今年也请多多关照"的啊！当时我也没觉得有什么不同。

两个月后，您去世了。原来半年前，您就因为血液病住院了。我才明白贺年卡上"承蒙照顾"的意思。

为什么您生前不告诉我呢？

我想见您，想跟您说话，想跟您一起购物、一起做饭、想跟您吵架……

明年，您的贺年卡不会来了，但我一定会给您写的。妈妈，请您在天堂读吧。

(20岁 女)

27
继承他们的事业

"我以前说过,你继承我的事业,只是碍于我的面子而已,你不记得了吗?"

我辞去公司的工作,跟父亲说要去他的店里帮忙,父亲这么跟我说。

父亲从山形的一所初中毕业后,在家乡的寿司店打工,晚上还去高中上课,吃了很多苦,终于拿到厨师资格。高中毕业以后,在各种各样的店里打工,到35岁时才开了自己的店。

父亲的店只有10个座位,是家很小的拉面店。五年之后,终于有个样子了。

那以后,父母亲拼命干活,从早到晚,准备、制作、再准备。我和妹妹在拉面店的二楼,看着他们整天在店里忙忙碌碌,我们就这样长大。

大学毕业后,我进入东京的大公司工作,顺利地开始白领生涯。但是,在我工作第三年的时候,父亲劳累过度,病倒了。

幸好,父亲的病不要紧,很快拉面店重开。我趁这个机会辞职了，回到老家，跟父亲说"去店里帮忙"，父亲就说出开头的一番话来。

那时，父亲做的拉面，大家评价面汤很好喝，店面也扩大了一倍。人气面汤的味道，我和妹妹从小就很熟悉，是父母亲常年调制的结晶。父亲病倒时，我担心面汤的做法失传，就决定继承父业。

"好不容易读完大学，进到大公司，不要碍于我的面子来做拉面，我自己能把这个店开下去。"父亲很顽固，至今还是这么说。

我已经在店里帮忙两年，从学徒开始，学习拉面的做法。父亲还是一脸不高兴的样子，无论我做什么，他都埋怨我："还是做白领好吧。"

但是，我懂得父亲内心的欣慰。夜里，我一个人苦苦钻研做面汤时，父亲会偷偷来看我。我离开后，他就高兴地去跟母亲汇报。

我还不能达到父亲的水平，但是，总有一天，我会做出让父亲称赞的面汤的。我想这是我最大的尽孝吧。

(27 岁 男)

28
叫她一声"妈妈"

我是一个母亲，女儿读初中二年级。最近，她好像有男朋友了，对我遮遮掩掩的。回家的时间也晚了，周日总是急匆匆出门。我问她对方的情况，她就很反感，完全不回应。

青春期的子女教育真是难啊，不由得想起我母亲对我的教育。父亲去世后，母亲一个人住在老年公寓。我固定每周去看她一回。母亲和我在公寓的周围散步，非常开心。

其实，她不是我的生母，是继母。我的生母在我读初中的时候就去世了。父亲在贸易公司工作，每天都很忙，没时间照顾我和弟弟。母亲去世一年后，父亲开始相亲。

我和弟弟忘不了生母，也不理解父亲的辛苦，强烈反对父亲再婚，觉得这是对生母的背叛。

但是，父亲说"我是为了你们"，就把继母娶进家门。虽然继母很和蔼，我和弟弟还是不能接受她。

我因为不愿意继母去学校参加家长会，就把家长通知书偷偷扔掉；还故意把继母为我做的盒饭剩下，让她难堪。

但是我们倒也没有激烈的吵架，只是互相敬而远之，多年来都没法像真正的母子那样亲密。最明显的就是，我们从来不叫她"妈妈"，总是直呼其名。

如今，我也到了继母嫁进我家时的年纪，也有了正值青春期的孩子，开始明白那时继母的心情了。

那时继母努力想成为我们的母亲，一定为我们的反抗而苦恼吧。即使这样，她也不生气，不放弃，只是远远守护着我们。

前几天听公寓的看护说母亲常常表扬我们，说我们对她很和气。

真后悔我们一次都没叫过她"妈妈"，不过现在叫还来得及吧，妈妈！

(45岁 女)

29
给他们庆祝 60 大寿

给父母的爱
等不起

两年前的冬天，我们给父亲庆祝 60 大寿。我和妹妹回到久违的老家，热热闹闹开了个祝寿会。

"变成老爷爷咯。"父亲似乎有点不开心的样子，但过一会儿又兴高采烈，虽然酒量很差，却干了一杯。

宴会快结束时，妹妹拿出数码相机，半开玩笑地说要合影留念。一家人很久没有一起照过相了，母亲很高兴，父亲却不愿意，母亲和妹妹好不容易才哄他一起照了张合影。

事情过去两年了，寿宴上笑着的父亲已经不在了。有一天，父亲身体不舒服，入院检查后就一直住院，三个月不到就去世了。

前几天，我和母亲一起整理老家的东西，想起妹妹那天照的合影。找出相机，一张张照片翻看，祈祷那张照片没有被删掉。

寿宴上，父亲最后的样子出现在眼前：半睁着眼，很傻。

"你父亲果然从来都是一副傻样……"

母亲看着相机，笑了，又哭了。

"真是这样，但是父亲不就这样吗？"

我把这张照片冲洗出来,我得永远珍藏父亲这傻傻的样子。

(30岁 男)

30
一起去看以前住的家

给父母的爱
等不起

工作当中，我突然想去看以前住的地方。我16岁之前都住在那儿，是一座老楼。到那儿，我看到通知说这座楼太老，下个月要拆掉，很吃惊。

想起从那儿搬走的前一天晚上。

深夜，父母流着泪，擦着地板和墙壁。当时，我对搬新家很兴奋，根本不理解父母的心情。

我出生后，父亲为了我，从微薄的工资里挤出钱来，买了这座老楼的房子。

房子虽然很小，对父母来说，却有着太多的回忆。开心和不开心，都记在那儿。

16年过去了，我和弟弟都长大了，我们也搬到宽敞的新家，想到老家，还是很感慨。

接下来的周末，我开车带着父母，去了老家。

在快要拆掉的老楼前，父亲和母亲一动不动，盯着我们在五楼的家，一句话也不说。

(30岁 男)

31
跟他们一起过20岁生日

去年春天，父亲病倒了。

父亲初中毕业后，做了泥水匠，一直做了将近40年，养活我们一家人。

当时父亲新招了三个人，从此可以稍稍放松一下，跟家人在一起的时间可以多一些了。可是常年的辛苦，把父亲的身体压垮了。

父亲自己只是初中毕业，很自卑，所以他一定要我和姐姐读大学。后来，姐姐大学毕业，我也考上大学。

我20岁成人时，父亲比谁都开心。一年前他就给我准备了特地烧制的酒杯。大概没有哪个父亲会送孩子酒杯作为礼物的吧，父亲却认为男人就应该大口喝酒。

我的生日是10月14日。在父亲的病房里，我们一家四口为我的20岁生日干杯。父亲把精心准备的酒杯送给我，很开心地说："就是喝酒的地方有点不大对。"

一周以后，父亲心满意足地离开了这个世界。我想，父亲是为了跟成人的我喝酒,才坚持到那一天的。我要是不长大成人该多好啊。

(21岁 男)

32
跟他们一起看红白歌会

去年的红白歌会，只有丈夫和我两个人看。读大学的儿子，参加倒计时聚会去了；工作了的女儿，跟男朋友去庙里祈福；除夕在家的，只有快退休的丈夫和我。

我跟儿子、女儿说："有红白歌会哟……"

"要出门，看不了。"马上就被他们打断，我和丈夫只有苦笑。

如今喜欢看红白歌会的年轻人很少了吧，但是，对我而言，红白歌会一直都是一件大事。

我长在东北的农村，家里过着早睡早起的农家生活。晚上一过九点，父母就睡了。不像现在，各个房间里都有电视，我们姐妹那时都是在房间里学习看书。

只有除夕夜是例外。那天，全家都到有电视的屋里，一起看红白歌会。父亲会贴出演员表，在旁边随时写上得分，大家一边叽叽喳喳，一边看电视。

屋外，夜色深沉，雪落无声；屋里，欢声笑语，热热闹闹。除夕，全家一起过，是我家的一件大事。

去年红白歌会结束的时候,除夕夜钟声响起,我想起了老家。父母亲将近80岁了,也两个人度日。而我们每天忙于生活,很少回去。今年过年,我要跟丈夫一起回老家去。

(52岁女)

33
向他们打听自己不知道的往事

父亲去世后的第一个盂兰盆节（7月15日），我回到老家，和母亲一起整理父亲的遗物。从前的影集里，却没有全家旅行时的合影，只有母亲、我和妹妹的合影，父亲好像不存在一样。

我和妹妹都不记得父亲曾经带我们出去玩过，父亲总是认真工作，节假日也经常去公司。

一到周一，我就很讨厌听到学校里朋友的谈话：周末，全家去野营、去迪斯尼、去水族馆……我只有羡慕的份儿。

学校里的参观、运动会，我也不记得父亲曾经去过。

但是，我在影集里看到一张照片，以前从来没有见过。

那是我刚上小学的一次远足，地点在多摩动物园，我和好朋友凉子、真理子全家一起，在公园的草地上铺着蓝色塑料布，正在吃盒饭。几位年轻的母亲满面笑容；只有父亲在中间，正襟危坐。

看到父亲这副正经的样子，我和母亲忍不住笑起来。

父亲那天是专门请假陪我远足的吧。被年轻的母亲们包围着，父亲一定很拘束吧。即使这样,为了我,他还是参加了。

其实只是我不知道(不记得)而已,父亲经常带我玩的……

"谢谢您!"我对佛龛中父亲的遗像说。

(25岁 女)

34
去他们喜欢的店里看看

父亲去世后一个月，我收到一个包裹，是父亲时常光顾的法国餐馆的厨师寄来的。他为什么给我寄包裹呢？开始我也不太明白。

那家餐馆我从没有去过，只知道离我家走路15分钟，很小。父亲很喜欢，每逢母亲的生日、结婚纪念日这样特别的日子，他都会跟母亲一起去那儿吃晚饭庆祝。

我打开包裹，里边是刀、叉、勺子，还有一张照片。刀、叉、勺子的柄上刻着父亲的名字，照片是父亲、母亲和厨师满面笑容的合影，是今年母亲生日时拍的。这也是父母亲一起拍的最后一张照片。

于是我给餐馆打电话。

厨师告诉我："那是令尊专用的餐具，我想应该对你很重要吧，就寄给你了。"

我完全不知道这回事。

"令尊为你感到骄傲，经常跟我讲你的事情。他希望有一天能一家三口来这儿吃饭呢。"

我谢过厨师,放下电话,越发想知道父亲更多的事情:父亲在那儿吃了些什么,说了些什么呢?

我打算拿着父亲的餐具,去那家餐馆看看。

(29岁 男)

35
要喜爱他们带给你的旅行纪念品

父亲是个农民，我读高二的时候，他第一次出国旅行。

我很小的时候，母亲就去世了，我和父亲相依为命。因为我，父亲哪儿也不能去。父亲当时很矛盾："我不能把你一个人丢下，自己出国。"但出国机会难得，他终于还是勉强去了。

父亲回来时，给我带了一个当地人做的模型，是只红色的鸟，有玻璃杯那么大，头可以来回转动，眼睛不知道看着哪儿，很奇妙。父亲高兴地说：

"你看，很可爱吧。了，就叫她 Kako 吧。"

我当时想，这旅行纪念品就算给小学生都有点奇怪，真讨厌。我就什么都没说，勉强收下了。

父亲大概想象不到这个自己的女儿想要什么吧，但是我能想象父亲费尽心机给我挑旅行纪念品的样子。

事情过去七年了。现在，我把 Kako 放在我东京公寓里的小电视柜上，这是我从老家带来的为数不多的东西之一。为什么要特意带着她，我自己也不明白，也许是父亲一定要我带上吧。

前几天，父亲有点事儿来东京，很痛苦地说"想来看看Kako的样子"，就来了我的公寓。

父亲这个可爱的谎撒得太不高明了。现在，Kako已经成为我和父亲共同的珍宝。

(24岁 女)

36
为了他们,好好活着

我没有父亲，母亲没有跟我详说过原因，我只是听亲戚说，我刚出生父亲就没了。

母亲拼命干活，但我们还是很穷。因为没有父亲，我从小学开始，就跟班里的同学合不来。

上初中后，同学欺负我，我就逃学了。晚上，在闹市区，也被警察训过。

母亲很为我担心，经常哭。

我想，如果没有我，母亲会更幸福吧。我越来越讨厌自己，割过好几次腕。

去年春天，我上初三，吞了很多感冒药，被救护车送到医院急救。

醒来时，发现自己没有死，我对着母亲怒吼："让我死！我死了更好，为什么要救我？"

瘦小的母亲抱着我，不停地说："只要你活着，妈妈就很开心啊！我只有你一个亲人了！"

我终于明白,充满了活下去的勇气。如今,我正在读夜校。

(16岁 女)

37
找到工作,让他们安心

"以前我对不起你！"父亲突然说。

"您为啥要道歉？"我很不解。

母亲参加久违的同学会去了，家里只有父亲和我，我们一边吃母亲做好的晚饭，一边喝酒。

"那个时候，我不反对的话，你可能不会是现在这样。"父亲说。

当时，我跟父亲说想上职业高中，父亲强烈反对，一定要我上普通高中，再上大学。

于是我按父亲的要求，上高中上大学。去年，拿到一家公司的录用通知。后来，我没有去，结果到现在还在找工作，形势很严峻。

我在家里都不敢跟父母的目光相接，特别是父亲，我想他一定觉得我不成器。没想到父亲却很自责："如果当初按你的想法，今天应该会不一样吧。我和你母亲太看重大学了……"也许是喝了酒的缘故，父亲不像平常的样子，他的头一直低着。

以前，我内心深处，确实在埋怨父母亲。但是，我现在明白了：找不到工作，是我自己的原因，而父亲却想着是他的责任……

我对一直低着头的父亲发誓："爸爸，我对不起您！您放心，我一定要找到工作！"

(23 岁 男)

38

跟父亲像同事一样喝酒

父亲 60 岁生日的前一天晚上。

我提早下班，去往父亲的公司。父亲走出来，拿着大包，抱着很大一束花。

"嗨！"父亲跟我挥手打招呼，很不好意思的样子。

我们来到车站前的小酒馆喝啤酒。父亲小声说："从今天开始，从新桥的白领学校毕业了。"眼泪像决堤一样涌出来。我只能默默看着。

我心想，虽然退休，父亲还是那个父亲。一口把啤酒干了，这是我和父亲身为白领一起喝酒的最后一夜。

（33 岁 男）

39
听听他们喜欢的歌

给父母的爱
等不起

我家的佛龛上，放着一个小小的宝石箱形状的八音盒，是我初中时手工课上做的。

打开盖子，响起的是动画片《龙猫》的主题歌。母亲很喜欢这首歌，常常一边洗衣做饭，一边唱这首歌。我在手工课上做八音盒时，想也没想就选了这首曲子。同学笑我选了首小孩子的歌，但是母亲喜欢就好。

后来母亲住院，我把八音盒给她。母亲握着我的手，跟我约定：

"有了八音盒我就有劲儿了。出院后，我们一起去唱歌哟。"

我家的佛龛上，放着一个小小的宝石箱形状的八音盒，打开盖子，响起的是母亲最喜欢的曲子。妈妈，您听到了吗？

(17岁女)

40
让他们看到你当新娘的样子

"你还是头婚,为什么非要找个离过婚的男人?何况他还有个那么大的女儿,你怎么跟他女儿处得来?"

父亲强烈反对我跟大我 15 岁的离婚男人结婚,而且他女儿都念初中了。相比起来,我跟他女儿年纪更接近。

父亲跟我大吵一架。母亲只是哭,却还是同意了我的选择。

那以后,我跟父亲的关系就破裂了。我收拾行李离开家,连招呼都没有跟他打。

现在,我跟丈夫和他的女儿关系很好。下个月,我也要生个女儿了。肚子里的女儿踢我的时候,我终于明白了父母的感受,也明白了父亲为什么要反对我的婚事。

前几天,母亲来看我肚子里的孩子,说到父亲。

她告诉我,我离开家时,父亲一个人在自己屋里哭,一直没有出来。

"你父亲真心想祝福你的,他时不时向我打听你过得好不好。"

父亲没能看到我当新娘的样子,一定很难过。可怜的父亲!

他到现在还在担心我,终究是父亲啊。

(22 岁 女)

41
给他们打电话

给父母的爱 等不起

我去伦敦留学时,认识了一个意大利男人,后来跟他结婚,去米兰附近的农村定居,还不到一年。

突然听到父亲去世的噩耗,我慌忙回国。我完全不能相信,父亲身体很好,居然遭遇事故。

这一年,我一直忙于适应新环境,没时间关心父母,跟父亲连电话都没有通一个。

因为碰到假期,买不到飞机票,我回到东京老家时,已经是六天以后,父亲的葬礼都结束了。

看着父亲的骨灰盒,那么大的一个人,现在被装在那么小的地方,我的眼泪止不住地涌出来。

我应该早点给父亲打电话的。

(28岁 女)

42
珍藏他们的纪念合影

在我小时候的印象里，父亲总是忙于工作，早上很早就去上班，晚上很晚才回来，星期日也几乎都是出去应酬打高尔夫球。

可能是过劳的缘故，我高中的时候父亲就病逝了。

虽然父亲留下的钱让我能自由成长，可是我对父亲的爱却没什么印象，觉得他好像外人一样。

前几天，我的婚事定下来了，跟母亲一起回家整理东西，母亲给我看了一张照片。

照片里，母亲大着肚子，和年轻的父亲在一起，父亲脸上充满了温暖的坚强。

"我跟你说过吧，你是出生在我们家旁边的医院的。你父亲在你出生之前一个月才能回家，那个时候，他每周都会回来一次。这张照片，就是你出生前一天照的。"

看到这张珍贵的全家福，我明白了父亲期待我出生的喜悦心情和父亲对我的爱。母亲把这张照片放进我的行李中。

(29岁 女)

43
继承他们珍爱之物

老家的壁橱里放着一个大纸箱，里边放着一套人偶，是父亲在我第一次过3月3日女儿节时买给我的，对我父母有着特别的意义。

我过了35岁才结婚，今年我的女儿出生了。女儿马上要第一次过女儿节，我就去老家拿那套人偶。

"你记得吗？我家3月3日之后，还供着人偶，那时候你还为这个生气呢。"母亲在旁边，突然说。

好像是我念初中时的事情，我听朋友说"过了3月3日还供着人偶，女儿就会很晚还嫁不出去"。我回家就很生气地对母亲说："马上把人偶收起来，只有我家这样。"但是，母亲只是笑嘻嘻的。

现在，我才知道为什么。

母亲笑嘻嘻地说："其实我是想早点收起来，是你父亲坚持要供着哟。"

"为什么？如果一直供着的话……"

"是啊，父亲不想你出嫁啊。"

我震惊了！

当时我快30岁了，还不想结婚，父亲就常常跟我唠叨："不要晃晃悠悠啊，赶快结婚！女人过了25岁就不好看了。"

父亲思想很守旧，这番话在现代人看来很成问题。我也很生气，觉得应该给他做做思想工作。

"那是嘴上说的，其实他是想你一直留在家里。如果你出嫁了，他会很寂寞的。"

原来是这样，我一直嫁不出去，原来是父亲的缘故、人偶的力量。不过幸亏这样，我找到了如意郎君。我要把人偶供在家里，过了3月3日也不收起来，保佑我的女儿将来婚姻幸福。

(38岁 女)

44
听他们讲过去的苦难

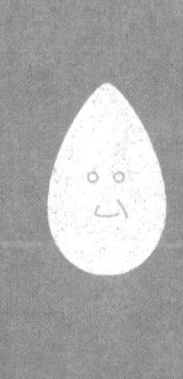

我高三的时候，父亲经营的工厂破产。营业额上不去，父亲总是为了资金奔走，终究还是维持不下去。

工厂倒闭后，父亲从头开始，到熟人的工厂里打工。

虽然家里情况这么糟糕，我那时还想着肯定是要上大学的，父亲也什么都没说。

然而我不知道，那时我的入学费、住宿费，都是父亲从亲戚那儿借来的。于是我开始在东京上大学，自己打工交学费，但生活费就只能靠父亲接济。

家里很困难，但父亲从来不跟我说，他一门心思只是不想让我为钱的事情烦恼吧。

那时，我坐夜间大巴回家，总是觉得父亲越来越瘦。他默默地喝酒抽烟，像一个疲于战斗而又坚忍的老兵，可是我那时完全不知道背后的艰辛。

八年过去了，我进入东京的公司工作，总算可以稍微给家里寄点钱。

盂兰盆节、新年的时候回老家,每次父亲都好像又瘦了一圈。我跟他喝酒,听他讲过去的苦难。父亲的脸上却完全看不到悲壮,他慢慢倒酒,有时还吹牛。我默默听着,我想他大概是为自己完成了做父亲的任务而自豪吧。

(30 岁 女)

45
叫父亲"老爸"

"这温泉好爽啊,老爸!"我大声跟父亲说。

一阵沉默,好像有点不大自然,我刚才叫的是"老爸"哦。我偷偷偏过头看,刚好跟父亲目光相接。

"是啊是啊。"父亲说。

我一直在找这个机会叫"老爸"。从初中开始,我就想叫父亲叫"老爸",总觉得不好意思,叫不出口。

我怎么这么紧张呢?好像跟女孩表白一样,汗都出来了。

(18岁 男)

46
全家一起吃饭

等不起

我手头有一盒磁带,是二十多年前录的。那时我刚上初中,父亲送我一台收录机,我就录了这盒带子。

父亲送我收录机的第二天晚上,我很开心,想录点什么,就把收录机放在餐桌下,偷偷录下了全家的谈话。

"喂,隆二,吃饭的时候不许看电视!"父亲的声音。

"哎,父亲说了不许了哦,赶快把电视关了。"母亲劝隆二的声音。

"是啊,隆二,快点儿。"我的声音。

"呃,哥哥也想看的啊。"隆二很不满的声音。

电视关掉,屋里很安静,只剩下我们一家的声音。

父亲问我们学校怎么样啊,学习有没有努力啊,社团活动搞得怎么样啊之类的,我和弟弟很不耐烦地回答。

一家的日常谈话,就好像在眼前一样,让人怀念。

父亲去世后,"七七"的那天夜里,我和隆二听这段录音。那时父亲的声音很年轻,正喝酒吧,就开始翻来覆去地教训我们,他每次谈话都是以教训结束。

隆二喝着酒，说："爸爸太喜欢喝酒了。"

我也喝了一杯，说："是啊是啊，他还只喝日本酒。"

父亲后来胃不好，最后的日子里就不能喝酒了。从此再也听不到他的教训了，我的眼眶不由得热了。

爸爸，您酒喝得太多了啊。

(35 岁 男)

47
偶尔偏袒一下母亲而不是妻子

婆媳矛盾虽然不是100%出现，我却是深受其苦。

我妻子和母亲一吵架，双方都不肯让步。母亲先挑起战火的时候，妻子有时会回娘家去，母亲就发牢骚："从前可没有出了嫁还回娘家的媳妇。"

我那时觉得，婆媳有矛盾，丈夫应该偏向妻子，所以我常常不问情由，袒护妻子。我想，只要夫妻感情好，婆媳矛盾也就解决了。

可是，婆媳二人的矛盾越来越深，我们夫妻只好搬到离老家有点距离的公寓里生活。

去年，母亲在家里摔倒，不幸去世了。

我回到十年没有回去过的老家，看到我们的全家福，那是在儿子直树小学入学式上照的。母亲当时还送给直树一个小书包。

父亲说："你母亲常常看着照片，说直树长得像小时候的你，很牵挂，可是很难见一面。"

我忍不住放声大哭，如果从前能够偶尔考虑一下母亲的感受……

（50岁 男）

48
护理他们

父亲说:"我活得太长,给你添麻烦了。"

"为什么这么说呢?不要再说傻话了。"我打断父亲的话,用力拍打父亲的肩膀,第一次"打"父亲。

护理行动不便的父亲,确实很麻烦。每天我和母亲都一刻不得空闲,很辛苦,父亲一定是看到我们疲惫的样子了。

我虽然打断了父亲的话,可是我知道其实父亲最难过。父亲的话沉甸甸地压在我的心头。

(43岁 女)

49
常回家看看

今年正月，我回到一年没回的老家，没在狗窝里看到Tetu。Tetu是我家里十岁的爱犬。这么"高龄"，难道？我慌忙跑进屋，Tetu突然从起居室冲出来。

"为什么Tetu在家里？"我吃了一惊，马上就明白了。

去年春天，弟弟考上大学，家里只剩下父母二人。他们在电话里对我说"我们正享受第二次新婚生活"，却又把Tetu从狗窝挪到家里了。

我想从今以后我应该常回家看看。

(21岁男)

50 / 给他们做酱汤

给父母的爱

等不起

"爸爸，都是因为你，我拿不到奖学金了！"我一回到家，就冲父亲发火。

父亲以前是个白领，后来自己出来创业，已经五年。一开始情况还可以，如今就不行了。而且，去年母亲去世以后，情况变得更糟糕。我想，我要是不去读私立学校就好了，可是今后该怎么办呢？

要是能拿奖学金也好，可是因为我家没有交税，就没有拿奖学金的资格了。

晚上，我睡不着，去厨房喝水。在没有开灯的厨房里，看到父亲坐在那儿，奖学金的小册子摆在面前。我不由得想起，自从母亲去世后，父亲每天早上都给我做酱汤。

……爸爸，酱汤有点咸啊。爸爸，您不要哭啊。下次，我做酱汤给您喝。

(17岁 男)

51
给他们画像

父亲种地时，突然倒下。我赶到医院，父亲坐在病床上，苦笑着说：

"只是胃溃疡啦，住几天院就好了。"

其实癌细胞已经全身扩散了。

一个月后，父亲让我给他画张像。

我拒绝了："为什么要画像啊？我画得不好，不画。"

父亲还是坚持："你小的时候，画得挺好的啊。"

没办法，我开始给父亲画像。

画像的时候，我看着父亲的脸，很久没有仔细观察过了，他脸上满是深深的皱纹。因为种地而晒黑的脸，刻满了为儿女操劳一生的印记。

终于画完了，父亲很开心，表扬我："画得很像啊！"

安葬父亲那天，母亲把我画的像放进棺材。另外还有一张发黄的画像，是我上幼儿园的时候，父亲节给父亲画的像。父亲一直珍藏着，我出嫁后他时常拿出来看。

这两张像,随着父亲一起去了天堂,父亲的样子,永远留在我的心里。

(32 岁 女)

52
跟母亲一起梳妆打扮

给父母的爱
等不起

小时候，我很讨厌母亲。

母亲是个家庭主妇，从来不梳妆打扮，只是为了全家辛苦地干活。跟朋友的母亲比起来，我的母亲为什么这么土气呢？从小，我就一直觉得很羞耻。

那时我想，将来一定不能成为母亲那样的女人，我一定要成为又漂亮又有工作的优雅女人。

可是高三的秋天，快要高考的时候，我遭遇车祸，受了重伤，四个月才治好。命是保住了，可是右脚粉碎性骨折，不能像以前那样正常走路了。

我身体残废了，高考也考砸了，每天在绝望中哭泣，冲母亲大发脾气。

母亲什么也不说，只是默默照顾我。而我越来越烦母亲，每天都骂她。

一个多月后，有一天夜里，我在病房里醒来，发现母亲在给我按摩脚。原来母亲在我睡着的时候，一直在给我按摩。

"对不起,对不起!我要是能代替你受伤就好了。"母亲小声说。

我终于明白我所讨厌的母亲是多么爱我。

第二天,我开始认真地做康复练习,很多次都痛苦得想放弃,但是母亲一直支持着我,我还是咬牙坚持下来。

两年后,我考上了理想的大学。

妈妈,对不起!我不该说您土气。

我的脚虽然不能恢复正常,但是我会挺起胸膛往前走。母女俩一起走,一起梳妆打扮。

母亲年纪大了,走不动的时候,我就是母亲的脚。

(21岁 女)

53
用母亲用过的菜刀

厨房里有一把刻着母亲名字的菜刀,是母亲嫁过来时带来的,她的专用菜刀。

每天早上,母亲给父亲、我和弟弟三个人做盒饭。母亲饭做得很好,我总是看到她在厨房,给我们做饭。

半年前的一个早上,母亲在厨房突然昏倒,在救护车里还跟我们道歉:"对不起!盒饭还没有做好啊。"

我不假思索地说:"您在瞎担心什么呢?"

记得有一次,我用母亲的菜刀削芋头皮,把食指给切了。

"哎呀,你一点儿也帮不上忙,白教你做那么多菜了。"

我拿着菜刀,好像听见母亲的声音,忍不住在厨房里哭起来。

(23岁 女)

54
跟他们商量工作的事情

"爸爸,我想辞职。"

父亲正住院,我去看他时,一不留神跟他说了。

"你这小子,我正住院,你跟我说这个?也不怕让我担心?"父亲笑着说。

"工作很辛苦吗?"

我没有回答,只是盯着病床。

"是啊,爸爸,工作很辛苦啊。给您丢人了。"虽然我想这么说,可是觉得很羞耻,说不出口。

父亲一直在小零件工厂上班,是要上夜班的三班倒制。从我很小的时候,父亲就一直按部就班在那儿干活,像一只勤劳的蚂蚁。

我看不上父亲的工作,我想我以后要找个更好的工作。

父亲对我的性格却看得很透,他说我适合做脚踏实地的工作,可是我听不进去。

后来我进了一家电视制作公司,可是工作跟我想象的完全不一样。我以前只看到电视制作光鲜的一面，投身进去才知道总是被紧张的日程压着，睡眠时间完全没有保证，也没有假期。

那天夜里，我第一次跟父亲谈工作的各种事情。

父亲跟我说了很多：工厂几次遇到破产的危机，工人团结一致，克服了困难；现在工厂形势也很严峻，工资减少了，但是工人仍然很团结。

最后，父亲说：

"你还年轻，做你喜欢做的事情就好。不用管我，我出院后还要继续工作的。"

可是，父亲已头发花白，总依赖他是不行的。跟父亲谈完，我充满了前进的勇气："别无选择，再努一把力试试看吧。"

我一直看不上的父亲，在我眼前变得高大起来。

(24岁 男)

55
跟他们聊圣诞节的往事

平安夜给我留下了美妙的回忆。

小时候，我家很穷，买不起圣诞树。我看到朋友家里有我身高那么高的圣诞树，还挂着各种各样的灯，闪闪发光，就跑回去跟父母哭诉。

有一次，平安夜前的一天，父亲给我买了一个能放在我手心的小圣诞树。可是，朋友家里的圣诞树是挂着灯的啊。我开始哭闹："不是这样的，我要更大的。"无论如何，我都想要跟朋友一样大的圣诞树。

平安夜，父母拉着我的手去地铁站前，我看到一棵闪闪发光的白色圣诞树。好漂亮啊！那个寒冷的夜里，我和父母一直望着这棵在夜空中闪耀的大圣诞树。

那天夜里，我盼望着见到圣诞老人，躲在被子里一动不动，大气都不敢出。午夜，母亲来到我枕边，摸着我的头说："多想什么时候给Keiko买个大的圣诞树啊。"到现在我还记得那悲伤的感觉。

自那以后,我不再嚷着要圣诞树,每年的平安夜,全家都去看地铁站前的圣诞树。

一直持续到我小学毕业吧。对我来说,地铁站前的圣诞树,代表着父母对我的爱。

今年的平安夜,我要请父母一起,去看地铁站前那棵久违的圣诞树。

爸爸、妈妈,我怀孕了。结婚七年,期待已久的孩子终于要降生。平安夜,我要在那棵充满回忆的圣诞树前向你们宣布。

(36岁 女)

出版三个月，日本狂销10万册

叩击灵魂、催人泪下的感人之作

《父母离去前你要做的55件事》

中国上亿与父母天各一方的
漂泊者的心灵旁白
人生至关重要、震撼心魄的提醒

ISBN：978-7-301-18752-4
作者：[日]尽孝执行委员会 编著
　　　朱波 译
定价：28元
版别：北京大学出版社

假使你的父母现在60岁——

20年 × **6**天 × **11**小时 = **1320**小时
父母余下的寿命　每年见到父母的天数　每天相处的时间

也就是说，你和父母相处的日子只剩下**55**天了！

有些事是需要立刻去做的，不是明天，是现在

赠精美已付邮资明信片，给父母写出你从来未出口的感念

出版三个月，日本狂销10万册

感人至深的**孝亲**之作，为人子女者不可错过

《让父母健康长寿的31件事》

父母的健康长寿是对子女最大的奖赏

日本著名医学专家告诉我们——31种让父母健康而又不太费事儿的方法

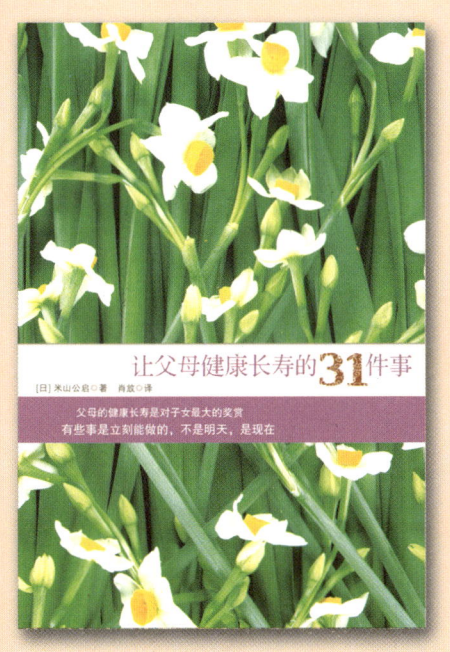

好好地爱父母，让父母生活得更好些，
更健康些，对子女来说，
不就是最快乐的事么？

ISBN：978-7-301-18751-7
作者：[日] 米山公启 著　肖放 译
定价：22元
版别：北京大学出版社

被父母**爱**是我们的**福气**，
会**爱**父母更是我们的**福气**